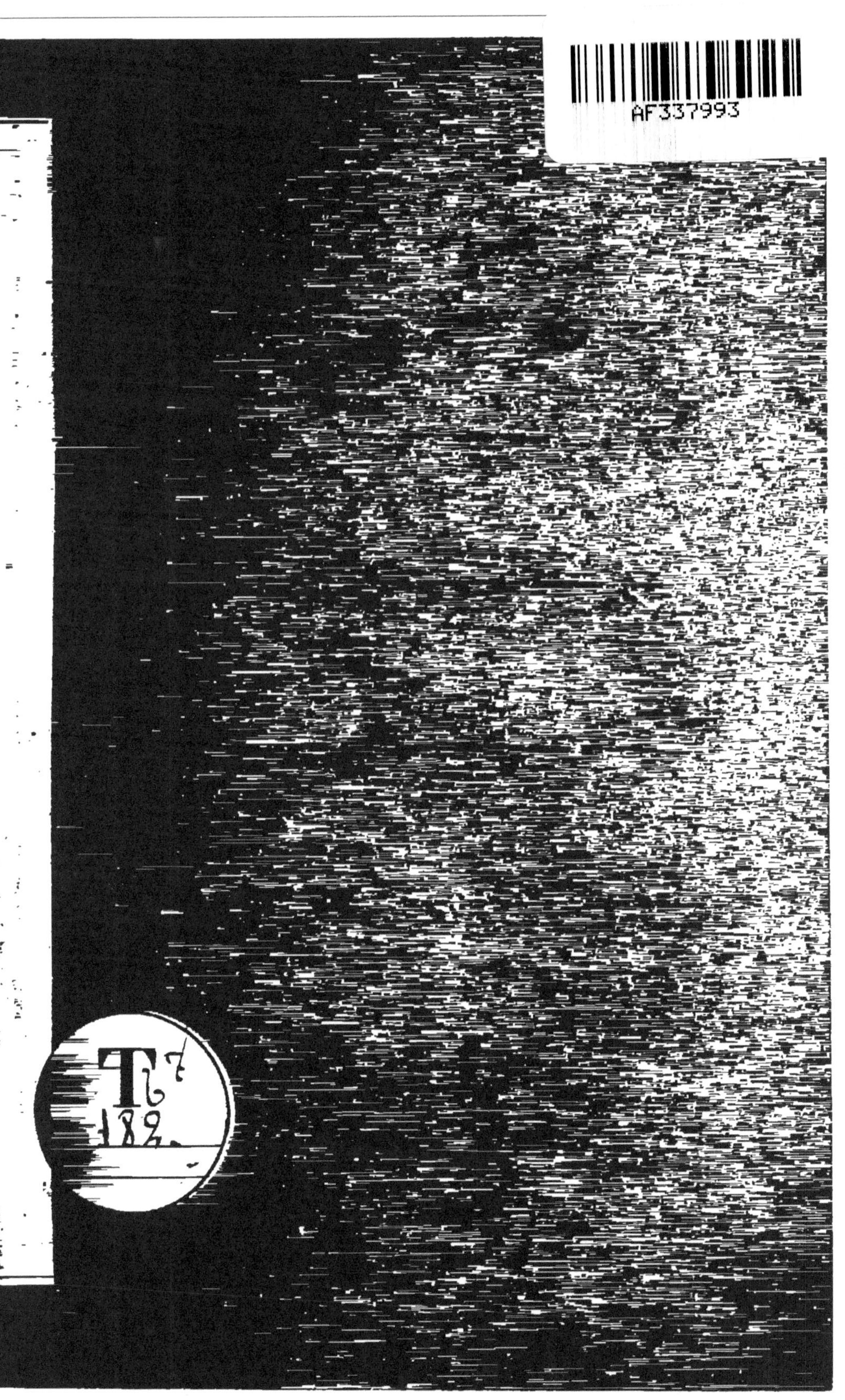
AF337993

NOTIONS

DE

PHYSIOLOGIE ANIMALE

D'APRÈS LES MEILLEURS OUVRAGES ÉLÉMENTAIRES
TRAITANT DE CETTE PARTIE DE L'HISTOIRE NATURELLE

PAR C. FRIDRICI

PROFESSEUR AUX ÉCOLES MUNICIPALES DE METZ

METZ

IMPRIMERIE F. BLANC, RUE DU PALAIS

1864

NOTIONS

DE

PHYSIOLOGIE ANIMALE

NOTIONS

DE

PHYSIOLOGIE ANIMALE

D'APRÈS LES MEILLEURS OUVRAGES ÉLÉMENTAIRES
TRAITANT DE CETTE PARTIE DE L'HISTOIRE NATURELLE

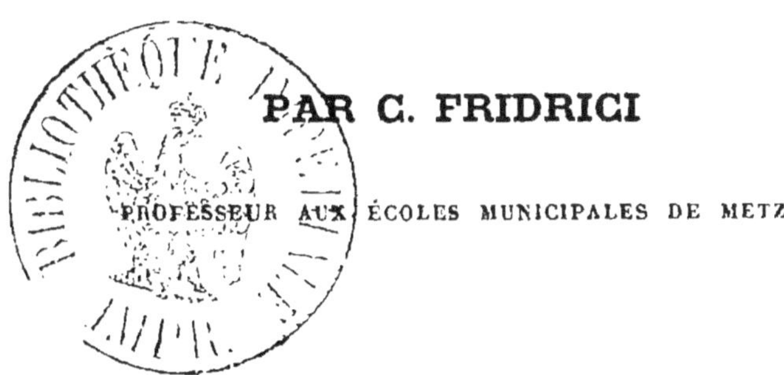

PAR C. FRIDRICI

PROFESSEUR AUX ÉCOLES MUNICIPALES DE METZ

METZ

IMPRIMERIE F. BLANC, RUE DU PALAIS

—

1864

NOTIONS

DE

PHYSIOLOGIE ANIMALE[1].

Les ANIMAUX *sont, en général, des êtres qui jouissent de la faculté de se nourrir, de se reproduire, de sentir et d'exécuter des mouvements volontaires.* Ces facultés s'exécutent au moyen d'organes qui affectent des formes particulières, mais dont l'élément organique, — la *cellule,* — est le même, et ne varie que dans ses divers modes de combinaison ou de transformation.

Chaque organe possède une structure appropriée à la fonction qu'il doit remplir. Il en

---

[1] La *Physiologie animale* est la partie de la zoologie qui a pour objet l'étude des fonctions animales.

On nomme *fonction,* l'action d'un organe ou d'un appareil *(fonction de nutrition, fonction de relation, etc.).*

Le mot *organe* signifie instrument *(organes d'absorption, de respiration, de locomotion, etc.).* La réunion de plusieurs organes, qui concourent à l'accomplissement d'une même fonction, constitue un *appareil (appareil de la digestion, appareil de la circulation, etc.).*

On appelle *système,* une réunion d'organes composés des mêmes tissus et destinés à des fonctions analogues *(système osseux, système musculaire, etc.).*

résulte différents arrangements matériels que l'on désigne sous le nom de *tissus.*

Les principaux tissus qui constituent les organes ou instruments à l'aide desquels s'exécutent les fonctions des animaux sont : le *tissu cellulaire,* le *tissu fibreux,* le *tissu musculaire,* le *tissu nerveux,* le *tissu cartilagineux* et le *tissu membraneux.*

FONCTIONS ANIMALES.

Les *fonctions animales* se divisent en deux classes principales : les *fonctions de nutrition* et les *fonctions de relation.*

FONCTIONS DE NUTRITION.

Les *fonctions de nutrition* sont celles qui ont pour objet la conservation de l'individu. Elles comprennent l'*absorption,* l'*exhalation,* la *digestion,* la *circulation,* la *respiration,* la *calorification,* l'*assimilation* et la *sécrétion.*

ABSORPTION. — L'*absorption* est une fonction par laquelle les différentes substances qui environnent les animaux ou qui sont déposées dans quelques-unes des cavités de leur corps, sont pompées par des vaisseaux particuliers pour être portées dans la masse du sang, avec lequel elles se mêlent et se confondent.

Exhalation. — L'*exhalation* est la séparation de la partie la plus aqueuse du sang qui filtre à travers les parois des vaisseaux pour s'évaporer dans l'air ou se répandre dans les cavités du corps.

Digestion. — La *digestion* est une fonction par laquelle les animaux extraient des aliments ' les matériaux qui peuvent servir à leur nutrition. Cette fonction s'exécute au moyen d'un système d'organes auquel on a donné le nom d'*appareil digestif*.

Les modifications que présente l'appareil digestif dans la série animale sont en rapport avec la nature de l'alimentation. Chez l'homme

---

' On appelle *aliment*, toute substance qui a pour but de réparer les parties solides ou solidifiables du sang. Malgré leurs apparences si diverses, les aliments, au point de vue qui nous occupe, peuvent être ramenés à une classification très-simple. On peut les partager :

1o En *matières amylacées*, c'est-à-dire en matières analogues à l'amidon par leur composition et contenant comme éléments principaux trois corps simples, le carbone, l'oxygène et l'hydrogène ; en considérant le rapport des éléments, on peut dire que ces matières sont formées de carbone et d'eau ;

2o En *matières grasses*, ou matières analogues aux graisses ; elles sont composées des trois mêmes corps simples, mais en des proportions différentes ;

3o En *matières azotées*, telles que les viandes, où l'on trouve, outre l'oxygène, l'hydrogène et le carbone, une certaine proportion d'azote.

et les animaux supérieurs, cet appareil se compose d'un tube ou canal formé par la *bouche*, le *pharynx* ou *arrière-bouche*, l'*œsophage*, l'*estomac*, l'*intestin grêle* et le *gros intestin*; et par divers organes accessoires, tels que les *dents*, la *langue*, les *glandes salivaires*, le *foie*, le *pancréas* et la *rate*.

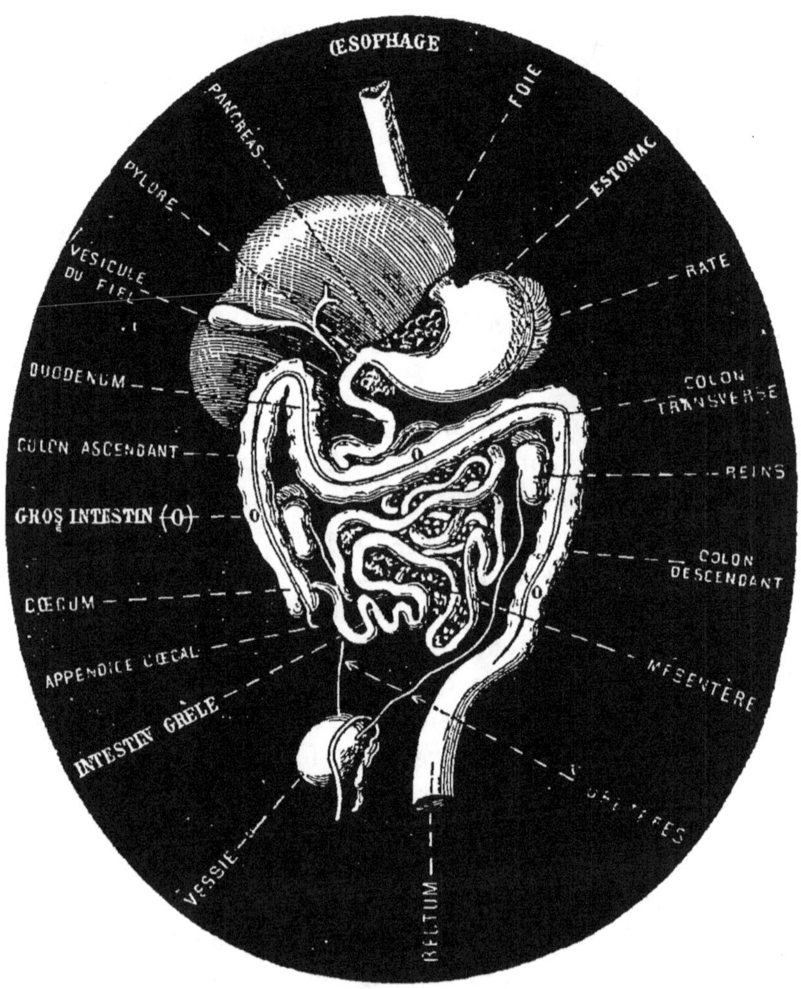

Appareil digestif de l'homme, avec les organes qui s'y rattachent.

Les parois du tube digestif sont constituées par la superposition de diverses membranes. Intérieurement se trouve une membrane *muqueuse,* continuation de la peau, puis une membrane *fibreuse,* qui détermine la forme, une membrane *musculeuse,* qui produit les contractions, enfin une membrane *séreuse,* appelée *péritoine.* Cette dernière membrane recouvre également la face interne des parois abdominales et forme un grand nombre de replis qui servent à unir entre eux et à fixer dans leur position les différents organes que contient l'abdomen. C'est la membrane séreuse, appelée *mésentère,* qui suspend et retient en position les circonvolutions de l'intestin grêle.

La *bouche* peut être regardée comme le vestibule du canal alimentaire ; elle est fermée en avant par les *lèvres* [1] et en arrière par le *voile du palais,* qui la sépare du pharynx ou gosier.

Derrière les lèvres se trouvent les *dents* qui, chez l'homme adulte, sont au nombre de trente-deux : huit *incisives,* quatre *canines* et vingt *molaires.* Chez l'enfant il en existe seulement vingt, nommées *dents de lait,* lesquelles, vers la septième année, tombent et sont remplacées par les dents de la seconde dentition. Les incisives occupent le devant de la bouche, les canines sont placées de chaque côté à la suite des incisives, et les molaires occupent les côtés de la bouche, en arrière des canines. Les dernières molaires ne paraissent guère avant la fin de l'ado-

[1] C'est au pourtour des lèvres que commence la membrane muqueuse ; elle se distingue facilement de la peau par sa minceur, son humidité et sa couleur rosée.

lescence, circonstance qui les a fait appeler *dents de sagesse*.

La *langue* est un organe musculeux doué d'une extrême mobilité. Sa surface, revêtue par la muqueuse digestive, fournit à la médecine d'utiles indications en faisant connaître d'une manière assez positive l'état correspondant de l'estomac et des autres régions du canal digestif.

Les *glandes salivaires* sont au nombre de six, disposées symétriquement de chaque côté de la bouche : les *parotides*, situées au-devant de l'oreille et derrière la mâchoire inférieure; les *sous-maxillaires*, logées sous l'angle de la mâchoire inférieure, et les *sublinguales*, placées sous la langue. Ces glandes communiquent chacune avec l'intérieur de la bouche par des conduits excréteurs qui y versent la salive en quantité variable.

Le *pharynx* ou *arrière-bouche* qui fait suite à la bouche, dont il est séparé par le voile du palais ou prolongement de la membrane muqueuse qui tapisse la voûte palatine ; c'est une cavité qui est placée à la partie supérieure du cou et dans laquelle viennent s'ouvrir : en haut, les fosses nasales, en bas, le larynx et l'œsophage [1].

L'*œsophage* est un conduit cylindrique qui s'étend depuis le pharynx, dont il est la continuation, jusqu'à l'estomac. Il descend le long du cou, derrière la trachée-artère, pénètre dans la poitrine en passant derrière le cœur et les poumons, traverse

---

[1] C'est dans le pharynx, derrière le voile du palais, que se trouvent les *amygdales*, petites glandes qu'on est obligé de couper dans certaines maladies.

le muscle diaphragme qui sépare l'abdomen du thorax et vient s'ouvrir dans l'estomac par un orifice appelé *cardia*.

L'*estomac*, le principal organe de la digestion, est une portion élargie du canal alimentaire qui fait suite à l'œsophage; c'est une poche membraneuse, de la forme d'une cornemuse, placée transversalement à la partie supérieure de l'abdomen, au-dessous du diaphragme. La membrane muqueuse de l'estomac sécrète une liqueur acide, le *suc gastrique*, qui est un élément très-actif de la digestion. L'ouverture par laquelle l'estomac communique à l'intestin grêle, qui lui fait suite, s'appelle *pylore*.

L'*intestin grêle* est la portion la plus longue du canal digestif. C'est un tube membraneux, très-étroit, à surface extérieure lisse, et qui forme un grand nombre de circonvolutions qui occupent une grande partie de la cavité abdominale. Sa membrane muqueuse offre des plis transversaux (*valvulus conniventes*), dont la fonction est de ralentir la marche des aliments. Cette membrane est partout hérissée de sortes de petits poils (villosités) qui lui donnent l'aspect d'un velours et qui sont les véritables organes absorbants. L'intestin grêle est divisé arbitrairement en trois sections : le *duodénum*, le *jéjunum* et l'*iléon*. La portion la plus intéressante est le duodénum, qui fait suite à l'estomac et reçoit les deux conduits qui amènent, l'un la *bile*, l'autre le *suc pancréatique*.

Le *gros intestin* est beaucoup moins long, mais plus ample que l'intestin grêle, dont il se distingue encore par ses nombreuses boursouflures. On le divise également en trois régions : le *cœcum*, le *colon* et le *rectum*. Le cœcum, situé à droite, près de l'os de la hanche, forme un prolongement en cul-de-sac, au-dessous du point d'insertion de l'intestin grêle. Il porte vers son extrémité inférieure un petit appendice nommé *appendice cœcal*. Le colon fait suite au cœcum, remonte vers le foie, traverse l'abdomen au-dessous de l'estomac et redescend du côté gauche pour gagner le bassin où il se continue avec le rectum qui termine les voies digestives.

La *rate*, le *foie* et le *pancréas* sont des organes annexes du canal digestif. Les fonctions de ces viscères se rattachent à la digestion. — La rate est un organe mince, aplati, d'un rouge terne, qui s'applique contre la grosse tubérosité de l'estomac et se trouve ainsi logé dans la partie gauche et supérieure de l'abdomen. Son tissu est formé d'un réseau de fibres entre lesquelles séjourne une sorte de matière boueuse, analogue à de la lie de vin. Le sang y afflue, mais il n'existe pas de conduit spécial qui en parte, et les fonctions de cet organe sont restées jusqu'à présent dans une assez grande obscurité. — Le foie est la plus volumineuse de toutes les glandes ; c'est l'organe producteur de la bile ; sa forme est très-irrégulière et il se divise en plusieurs lobes séparés par des dépressions ou sillons. Il occupe toute la partie droite et supérieure de l'abdomen. Son tissu est granuleux et sa structure très-compliquée. Il est de couleur brune rougeâtre extérieurement et jaunâtre à l'intérieur. Il existe pour la sécrétion du foie un réservoir appelé *vésicule du fiel*. C'est dans cette poche que la bile se rassemble dans l'intervalle des digestions [1]. Deux conduits, partant, l'un·du foie (*conduit hépatique*), l'autre de la vésicule du fiel (*conduit cystique*), se réunissent pour former un tronc commun (*canal cholédoque*), lequel déverse la bile dans l'intestin grêle, un peu au - dessous de l'orifice pylorique [2]. — Le pancréas présente, pour la forme, une sorte de languette allongée et se tient comme adossé à la colonne vertébrale, en dessous et en arrière de l'estomac. C'est une glande très-analogue, pour la structure, aux glandes salivaires ; il est d'un blanc grisâtre et se compose de granulations réunies en lobules distincts. Deux canaux amènent dans le duodénum le suc pancréatique, qui exerce une action spéciale sur les produits de la digestion.

Indépendamment de l'estomac, des deux intestins, de la rate, du foie et du pancréas, l'abdomen renferme encore les *reins* et la *vessie*. Les reins (*organes de la sécrétion urinaire*) sont logés de chaque côté de la région des lombes, et la vessie, leur commun réservoir, occupe la partie de l'abdomen correspondant au point de jonction antérieur des os du bassin. L'urine se rend des reins dans la vessie par deux longs tubes membraneux appelés *uretères*.

[1] La bile est un véritable savon, et celle que renferme la vésicule du bœuf est souvent employée pour le nettoyage des étoffes délicates, sous le nom d'*amer de bœuf*.

[2] Lorsque certaines causes déterminent l'obstruction du canal ou suspendent le travail sécréteur du foie, les éléments de la bile cessent d'être retirés du sang et communiquent à ce liquide une teinte caractéristique, à laquelle participe la peau. C'est la *jaunisse*.

Tous ces organes, grâce à l'interposition des divers prolongements du *péritoine*, jouissent d'un isolement complet et d'une liberté entière.

Structure de l'abdomen. La structure de l'abdomen se trouve admirablement en rapport avec les exigences des organes qu'il renferme. Il est séparé du *thorax* par le *diaphragme*; latéralement et par devant il est limité par des couches musculaires suffisamment élastiques pour se prêter aux distensions des intestins, et douées en même temps d'une très-rassurante solidité [1].

Phénomènes digestifs. — La digestion se compose d'une série d'actes successifs qui sont : la *préhension des aliments*, la *mastication*, l'*insalivation*, la *déglutition*, la *chymification* (digestion stomacale), la *chylification* (digestion intestinale), l'*absorption intestinale* et la *défécation*.

Les aliments sont saisis soit immédiatement avec les lèvres, soit avec la main, pour être portés à la bouche (*préhension des aliments*) où ils sont broyés par les dents (*mastication*). Durant leur séjour dans la bouche, les aliments sont pénétrés par la salive (*insalivation*).

[1] La prévoyance de la nature semble cependant quelquefois être, pour ainsi dire, en défaut. Souvent, à la suite d'un mouvement violent, d'un choc, d'une chute, on voit les enveloppes protectrices de l'abdomen faiblir, s'érailler, et livrer passage à de petites portions de l'intestin, qui font alors saillie sous la peau. Telle est l'origine des *hernies*.

La salive supplée au défaut de liquidité des aliments ; elle facilite leur agglomération en petite masse et leur glissement à travers le conduit qui les mène à l'estomac. Elle agit sur les matières féculentes et sucrées, et les convertit en une espèce de sucre, — la *glucose*, — qui est la seule forme sous laquelle ces matières soient absorbables. L'action de la salive parait être complétée dans cette opération par le concours de la matière fluide, — le *mucus*, — que sécrètent les parois membraneuses de la bouche.

La langue ramasse la pâte en une sorte de petite pelote ou *bol alimentaire*, la porte dans le fond de la bouche, et, s'appuyant contre le palais, la pousse dans le pharynx (*déglutition*), par lequel le bol alimentaire descend jusque dans l'estomac.

La pâte alimentaire arrive dans l'estomac sans avoir été modifiée ; mais à peine est-elle introduite dans cette cavité, que les muscles, dont cette dernière est formée, commencent à se contracter et à exercer une sorte de malaxation sur la masse et la promènent d'une extrémité à l'autre de l'estomac[1]. La

[1] Dans ce travail, il arrive souvent que les aliments surmontent la résistance des fibres resserrées du cardia, qu'ils reviennent par l'œsophage jusque dans la bouche même, et

pâte alimentaire s'y imprègne d'un liquide acide, — *le suc gastrique*, — qui en détermine la transformation en une matière pulpeuse, demi-liquide, en général grisâtre, appelée *chyme (chymification)*. Le suc gastrique sécrété par les parois de l'estomac agit sur les matières azotées, telles que la viande, le blanc d'œuf, la caséine du fromage, le gluten du pain, etc.; il les dissout et les rend susceptibles d'être absorbés.

L'estomac n'est pas, comme on le croyait autrefois, l'organe unique de la digestion, c'est le siége d'une transformation toute spéciale, celle des matières azotées. La durée de la digestion stomacale varie suivant la résistance plus ou moins grande qu'opposent les aliments à l'action du suc gastrique. Cette durée varie entre deux et quatre heures.

Après la digestion stomacale, les aliments sortent de l'estomac par une ouverture rétrécie, — le *pylore*, — et entrent dans le duodénum. C'est dans cette portion de l'intestin grêle que se fait la partie la plus importante de la di-

que le *vomissement* se produit. Cela vient de ce que la masse ingérée est trop considérable, ou bien de ce que les contractions de l'estomac, sous une impression quelconque, un sentiment de dégoût, par exemple, ou bien par suite d'un état maladif, acquièrent une énergie inaccoutumée.

gestion. La masse alimentaire y subit l'action de deux fluides, — du suc pancréatique et de la bile, — qui la transforment en *chyle (chylification)*.

Le suc pancréatique, liquide alcalin, agit sur les matières sucrées ou féculentes qui ont échappé à l'action de la salive ; de plus, il paraît exercer une réaction sur les matières grasses qu'il réduit à l'état d'*émulsion*, ou division globulaire microscopique. Cette forme est la seule sous laquelle ces matières soient susceptibles d'absorption.

L'action de la bile n'est pas aussi nettement caractérisée. Suivant certains auteurs, elle agit sur les matières grasses de concert avec le suc pancréatique ; suivant d'autres, elle complète sur les matières azotées l'action du suc gastrique ; suivant d'autres, enfin, elle n'exerce aucune fonction spéciale ; c'est un produit destiné à être éliminé avec les résidus des aliments.

En même temps que les aliments subissent l'action de la bile et du suc pancréatique, ils continuent leur marche dans le tube intestinal où le chyle est absorbé par les vaisseaux chylifères (*absorption intestinale*).

Enfin, lorsque les aliments arrivent dans le gros intestin, l'absorption intestinale est déjà aussi complète qu'elle pouvait l'être ; il ne s'agit plus que d'expulser au dehors des matériaux qui renferment très-peu d'éléments utiles (*défécation*).

L'absorption des substances alimentaires transformées et dissoutes par les liquides digestifs, — la *salive*, le *suc gastrique*, le *fluide pancréatique* et la *bile*, — est le but final de la digestion. Cette absorption commence dans l'estomac et se continue dans tout le reste du tube digestif, principalement dans l'intestin grêle, où se rencontrent des papilles ou villosités, véritables suçoirs ou *racines animales* qui puisent dans l'intestin, pour les faire entrer dans le cercle de la circulation, les matériaux de la nutrition, comme les racines végétales puisent dans la terre les sucs qui doivent alimenter la plante.

CIRCULATION. — La *circulation* est une fonction qui a pour but le transport continuel du sang de l'appareil respiratoire dans tous les organes du corps, et le retour du sang de ces organes à l'appareil de la respiration.

L'appareil circulatoire se compose du *cœur*, des *artères*, des *veines* et des *vaisseaux capillaires*.

Le *cœur* est un organe musculaire présentant, chez les mammifères et les oiseaux, quatre cavités, deux en haut, deux en bas. Celles du haut se nomment *oreillettes* (*oreillette gauche*, *oreillette droite*), celles du bas, *ventricules* (*ventricule gauche*, *ventricule droit*). Chaque oreillette communique avec son ventricule ; mais ni les oreillettes ni les ventricules ne communiquent entre eux.

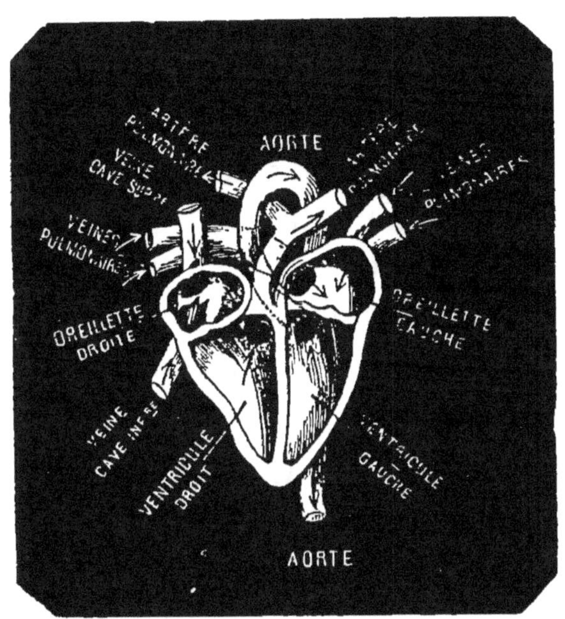

Coupe théorique du cœur de l'homme.

Les *artères* sont des espèces de tubes ou vaisseaux placés dans l'intérieur des chairs ; elles ne sont pas visibles et portent le sang du cœur à toutes les parties du corps.

Les *veines* sont des vaisseaux dont on voit les ramifications sous la peau. Elles ramènent le sang de toutes les parties du corps au cœur.

Les *capillaires* sont des vaisseaux très-déliés, placés dans l'épaisseur des organes et qui font communiquer directement les artères avec les veines.

Sang. — Le sang est le fluide nourricier qui entretient la vie dans les organes, et qui fournit aux tissus les matériaux de leur formation. Il se compose essentiellement, chez l'homme, d'un liquide incolore, — *le sérum,* — tenant en suspension une multitude de petits corpuscules aplatis, rougeâtres, nommés *globules du sang.*

Dans l'homme et chez tous les animaux de la classe des mammifères, — le chien, le cheval, le bœuf, etc., — les globules du sang sont circulaires ; tandis que chez les oiseaux, les reptiles et les poissons ils ont constamment une forme ovalaire.

Le *sérum* constitue environ 87 pour 100 de la masse du sang, les *globules* 13 pour 100. Les globules sont presque exclusivement formés par une substance identique avec le blanc d'œuf et que l'on nomme également l'*albumine ;* leur coloration est due à la présence de quelques millièmes d'une matière ferrugineuse, l'*hématosine* [1]. Le sérum, sur quatre-vingt-sept parties, renferme environ soixante-dix-huit parties d'eau, quatre à cinq parties d'albumine, pas tout à fait une demie de fibrine, enfin, par quantités infiniment petites, plus de cinquante substances, qui représentent les éléments réparateurs destinés aux différents organes.

Le sang n'offre plus en général le même aspect, ni la même composition chez les animaux. Il ne garde la couleur rouge que chez les *vertébrés* et chez quelques *annélides.* Partout ailleurs il est blanchâtre, bleuâtre, jaune, vert ou violet.

[1] On nomme *chlorose* une maladie caractérisée par l'appauvrissement du sang sous le rapport des globules.

Dans l'état ordinaire le sang est toujours fluide et se compose, comme nous venons de le dire, d'un liquide aqueux, tenant en suspension des globules solides ; mais toutes les fois qu'on l'extrait des vaisseaux où il est contenu dans l'intérieur du corps d'un animal vivant, il se transforme, au bout de quelques instants, en une masse, de consistance gélatineuse, qui se sépare peu à peu en deux parties, l'une liquide, jaunâtre et transparente, formée par le sérum ; l'autre, plus ou moins solide, complétement opaque et d'une couleur rouge, à laquelle on donne le nom de *caillot*. Cette dernière se compose principalement des globules plus ou moins altérés.

Mécanisme de la Circulation. — Le mécanisme de la circulation est facile à comprendre. Le sang veineux qui a nourri les organes, parcourt le système veineux et se rend par les deux veines caves (*veine cave inférieure, veine cave supérieure*) dans l'oreillette droite du cœur ; de l'oreillette droite, il passe dans le ventricule droit, qui, en se contractant, le chasse dans l'artère pulmonaire. Arrivé dans les poumons, le sang veineux se transforme, au contact de l'air, en sang artériel, puis il revient par les veines pulmonaires à l'oreillette gauche. De l'oreillette gauche, il passe dans le ventricule gauche, dont les contractions le poussent dans l'artère aorte, et de là dans tout le système artériel jusqu'aux capil-

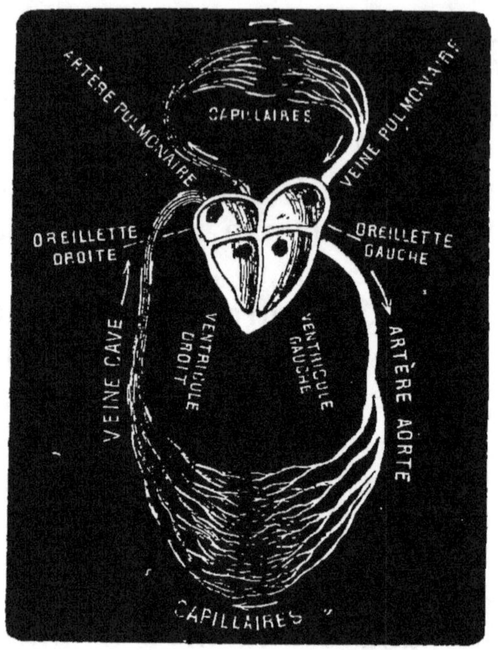

Figure théorique de la circulation, dans laquelle la direction
du cours du sang est indiquée par des flèches.

laires que nous avons choisis pour point de
départ du trajet circulaire que le sang parcourt dans sa marche incessante[1].

[1] On appelle *syncope* une interruption accidentelle de la
circulation du sang. Cet état, qui entraîne la suspension de
toutes les fonctions vitales, ne saurait se prolonger sans le
plus grand danger.

On donne le nom d'*hémorragies* à des écoulements de
sang qui proviennent de la rupture des vaisseaux.

Les *ecchymoses* sont des taches bleues ou noires que déterminent les coups portés sur la peau. Ces taches sont
dues au sang qui provient de la rupture de quelques vaisseaux capillaires, desquels ce sang n'a pu jaillir au dehors.

On nomme *anévrismes* des sortes de petites poches qui

Le phénomène connu sous le nom de *pouls* n'est autre chose que le mouvement occasionné par la pression du sang sur les parois des artères, chaque fois que le cœur se contracte. Le nombre des pulsations varie suivant les espèces, l'âge, l'état de santé. Chez l'homme on compte, dans les premiers temps de la naissance, cent vingt à cent trente pulsations par minute ; dans l'âge adulte, soixante-cinq à soixante-dix, et dans la vieillesse, cinquante à cinquante-cinq. L'état fébrile accélère le pouls et augmente la violence des pulsations ; on en trouve alors jusqu'à cent quarante ou cent cinquante par minute. D'autres circonstances peuvent, au contraire, les réduire à quarante ou moins encore.

Chez tous les mammifères et les oiseaux, la circulation se fait de la même manière que chez l'homme. — Chez les reptiles et les amphibiens ou batraciens, le cœur se compose en général de deux oreillettes communiquant avec un seul ventricule, dans lequel se mélange le sang veineux, qui arrive

se forment parfois sur des points d'une artère, où la tunique moyenne a été rompue accidentellement. Le sang trouve en cet endroit moins de résistance ; il repousse insensiblement la paroi, et il en résulte une poche qui va toujours s'agrandissant et s'amincissant, jusqu'à ce qu'enfin elle crève et donne issue au liquide. Cette rupture, lorsqu'elle a lieu dans l'intérieur d'une cavité importante, entraîne nécessairement la mort.

Les *varices* sont une conséquence de la structure des veines. Les tuniques qui forment ces vaisseaux, trop faibles, ou garnies de valvules incomplètes, se sont laissées distendre par l'afflux du sang, sans pouvoir réagir pour le chasser. Cet état de distension, devenant habituel, finit par amener la rupture de la veine.

des organes, et le sang artériel, qui revient des poumons. — Chez les poissons, le cœur n'a qu'une seule oreillette et un seul ventricule placé sur le trajet du sang veineux. Le sang qui revient des organes (sang veineux) se rend au cœur, qui le chasse dans l'appareil respiratoire, d'où il se distribue directement aux organes, sans revenir au cœur. — Chez les mollusques et les crustacés, le cœur est situé sur le trajet du sang artériel. Leur circulation se fait, par conséquent, en sens inverse de celle des poissons. — Chez les annélides, les insectes, les zoophytes, il n'y a plus de cœur. Le sang circule dans des systèmes de vaisseaux contractiles ou simplement dans les interstices des organes. Chez quelques zoophytes, on ne distingue plus aucune voie de circulation.

Système lymphatique. — On appelle ainsi une collection de petits vaisseaux très-abondamment répandus dans les différentes parties du corps, et qui charrient la *lymphe*, liquide tout à fait analogue au sérum du sang. Le système lymphatique est intimement lié à l'ensemble des organes circulatoires ; il partage avec le système veineux les fonctions absorbantes [1].

RESPIRATION. — La *respiration* est une fonction qui a pour but d'opérer, par l'action de

[1] On appelle *tempéraments lymphatiques,* ceux où ce système a pris un grand développement.

L'engorgement chronique des petits noyaux glanduleux *(ganglions lymphatiques),* qu'on remarque de distance en

l'air libre ou dissout dans l'eau, la transformation du sang veineux en sang artériel. Chez

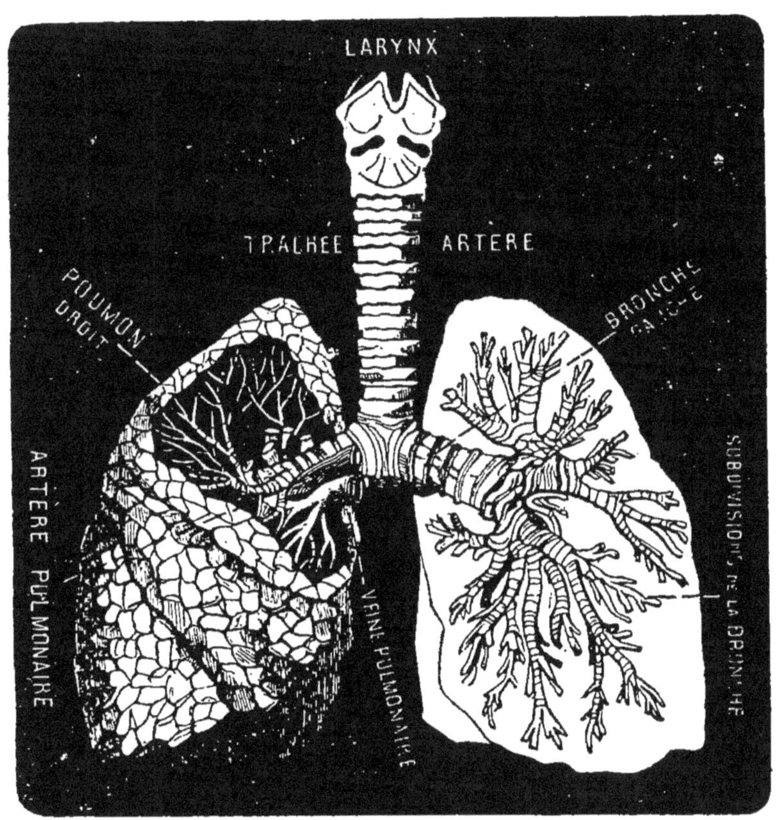

Poumons de l'homme.

l'homme et les autres mammifères, l'appareil
respiratoire se compose essentiellement des
poumons ou organes destinés à recevoir l'air

distance entre les vaisseaux du système lymphaque, produit
la *scrofule*, maladie trop souvent héréditaire et dont les
humeurs froides ou *écrouelles* sont une des formes les plus
fréquentes.

Chez les très-jeunes enfants, l'altération des *ganglions
mésentériques* donne lieu à la maladie appelée *carreau*.

atmosphérique, et d'une cavité nommée *thorax*, dans laquelle sont logés les poumons.

Les poumons, vulgairement connus sous le nom de *mou*, sont des organes cellulo-vasculaires qui remplissent la presque totalité du thorax ou *poitrine*, qui est séparée de l'abdomen par le muscle diaphragme. Ils sont revêtus, comme tous les viscères importants, d'une double membrane séreuse, la *plèvre*, destinée à les isoler [1]. Leur tissu se compose d'une multitude de petites *vésicules* communiquant ensemble par un système de canaux ramifiés. Ces canaux aboutissent, pour chaque poumon, à un seul conduit nommé *bronche*, et la réunion des deux bronches donne naissance à la *trachée-artère*. La trachée-artère remonte tout le. long de la partie antérieure du cou et s'ouvre dans l'arrière-bouche, en avant de l'œsophage. C'est un tube garni d'une série d'anneaux ou de pièces cartilagineuses qui ont pour but de s'opposer à l'affaissement du conduit aérien sur lui-même et dont les supérieures constituent le *larynx* ou organe de la voix, et font saillie au dehors par une proéminence (cartilage thyroïde) vulgairement appelée *pomme d'Adam* [2].

---

[1] On nomme *pleurésie* une maladie qui résulte d'une accumulation de sérosité entre les deux feuillets de cette membrane.

La *phthisie pulmonaire* est une affection lente qui consiste dans l'altération du tissu même des poumons, et les personnes affectées s'appellent vulgairement *poitrinaires*.

[2] Le *corps thyroïde*, placé au-dessous du *cartilage-thyroïde* ou *pomme d'Adam*, est une glande habituellement peu développée, mais qui, chez certaines personnes et dans certaines conditions, prend des dimensions très-gênantes. Ce

Pendant la déglutition, l'ouverture du larynx, la *glotte,* est recouverte d'une petite soupape nommée *épiglotte,* qui empêche les aliments de tomber dans la trachée-artère[1].

C'est par l'intermédiaire de la bouche, des fosses nasales, de la trachée, des bronches et de leurs ramifications que l'air pénètre jusqu'aux vésicules bronchiques dont l'ensemble constitue la masse spongieuse des poumons. Les parois des vésicules bronchiques, comme celles des capillaires sanguins, sont d'une minceur dont les étoffes les plus légères ne sauraient donner une idée, et c'est à travers cette espèce de gaze que se produit l'échange entre *l'oxygène de l'air* et *l'acide carbonique du sang.*

Sur les parois minces et transparentes des vésicules bronchiques viennent se répandre les ramifications de l'artère pulmonaire, dans lesquelles le sang veineux se met en rapport avec l'air introduit dans les poumons. De ces dernières ramifications de l'artère pulmonaire naissent les radicules des veines du même nom, qui doivent rapporter dans l'oreillette gauche le sang revivifié par l'air atmosphérique.

Le *thorax* est cette vaste cavité osseuse dans

développement anormal constitue le *goître,* infirmité très-répandue dans les montagnes de la Suisse et de la Savoie, et qui est d'ordinaire accompagnée d'un affaiblissement notable de l'intelligence ; on appelle *crétins* les individus qui sont affectés à ce degré.

[1] Différentes maladies, les *catarrhes,* le *croupe,* les *angines,* les *bronchites, etc.,* doivent leur origine à l'inflammation d'une membrane muqueuse qui tapisse la paroi intérieure de la trachée-artère et des bronches.

laquelle sont logés les poumons et le cœur. Cette cavité est formée, en arrière, par la colonne vertébrale, en avant, par le sternum, et sur les parties latérales, par les côtes. Les espaces que laissent entre eux ces derniers os sont remplis par des muscles qui s'étendent de l'un à l'autre, et que l'on nomme, pour cette raison, *muscles intercostaux*.

Mécanisme de la respiration. — Ce mécanisme a pour but de déterminer l'entrée et la sortie alternatives de l'air dans les poumons. Il comprend, par conséquent, deux mouvements opposés, l'un d'*inspiration* et l'autre d'*expiration*.

On appelle *mouvements d'inspiration* ceux par lesquels l'air se trouve appelé dans les poumons, et *mouvements d'expiration*, ceux par lesquels il s'en trouve expulsé. Le mécanisme qui produit les uns et les autres est extrêmement simple et présente une grande analogie avec le jeu d'un soufflet.

Lorsque la poitrine se dilate, c'est-à-dire lorsque le soulèvement des côtes et du sternum et l'abaissement du diaphragme déterminent l'augmentation de capacité du thorax, et en même temps la raréfaction du fluide que cette cavité renfermait déjà, il devient nécessaire que l'équilibre de pression entre l'air extérieur et l'air intérieur se rétablisse. C'est pour obéir à cette loi de la physique qu'une certaine quantité d'air pénètre alors dans les poumons. Bientôt, cependant, les côtes et le sternum retombent; le diaphragme, cessant de se contracter, est refoulé en haut par les viscères de l'abdomen; le thorax reprend alors son volume primitif, et la compression exercée sur les poumons amène la sortie d'une quantité d'air qui correspond à celle qui était entrée tout à l'heure.

Le *soupir*, le *bâillement*, le *rire* et le *sanglot* ne sont que des modifications des mouvements ordinaires de la respiration.

Le *soupir* est une large et profonde inspiration dans laquelle une grande quantité d'air entre peu à peu dans les poumons.

Le *bâillement* est une inspiration encore plus profonde, qui est accompagnée d'une contraction presque involontaire des muscles de la mâchoire et du voile du palais.

Le *rire* consiste en une suite de petits mouvements d'expiration saccadés et plus ou moins fréquents, qui dépendent, en majeure partie, de contractions du diaphragme.

Enfin le mécanisme du *sanglot* diffère peu de celui du rire, bien que ce phénomène exprime des affections de l'âme toutes différentes.

Les mouvements alternatifs d'inspiration et d'expiration se reproduisent en moyenne, chez l'homme, seize fois par minute [1]. La capacité des poumons,

---

[1] Un dérangement dans les mouvements respiratoires nous

à l'état de plénitude, est d'environ 2 litres 50 centilitres, et le renouvellement, par chaque mouvement
respiratoire, porte à peu près sur 50 centilitres.
Si l'on multiplie ce dernier chiffre par le nombre
de mouvements respiratoires, on trouve que dans
l'espace de vingt-quatre heures, il passe en moyenne,
par nos poumons, 12 000 litres d'air (12 mètres
cubes). Cette quantité peut varier, d'ailleurs, en
raison d'une foule de circonstances particulières.

Phénomènes chimiques de la respiration. — Le
phénomène le plus remarquable de la respiration des animaux consiste dans l'absorption
d'une certaine quantité d'oxygène et dans
l'exhalation d'une quantité à peu près égale
d'acide carbonique et de vapeur d'eau.

L'air introduit dans les poumons, ou *air
respiré*, présente la composition suivante :
azote, 79 centièmes ; oxygène, bien près de
21 centièmes ; acide carbonique, un demi-
millième seulement ; vapeur d'eau, quantité
également très-faible et variant suivant l'état
d'humidité de l'atmosphère.

L'air qui sort des poumons, ou *air expiré*,
renferme : azote, 79 pour cent ; oxygène,

fait éprouver une sensation très-douloureuse. On en a un
exemple dans les *points de côté*.

Toutes les fois que les phénomènes de la respiration se
trouvent interrompus, ou que l'air devient irrespirable, il se
manifeste chez les animaux un état particulier, *l'asphyxie*,
qui est bientôt suivi de la mort.

16,50 ; acide carbonique, 4 ; vapeur d'eau, proportion beaucoup plus forte que dans l'air inspiré [1].

En comparant les deux analyses, on remarque tout d'abord qu'une partie de l'oxygène introduit par l'inspiration se trouve, dans l'air expiré, remplacée par une quantité à peu près équivalente d'acide carbonique.

Ce résultat éveille naturellement l'idée d'une combustion plus ou moins immédiate. En effet, dans la profondeur même de nos organes, il se produit incessamment une combinaison du carbone, qui forme la trame des tissus, avec l'oxygène contenu dans le sang artériel, et cette combinaison donne naissance à l'acide carbonique que les vaisseaux veineux recueillent au fur et à mesure et transportent dans les poumons. Là, une partie de ce gaz se sépare du sang en entraînant, sous forme de vapeur, une petite quantité d'eau empruntée au *sérum,* traverse les parois des capillaires veineux, les parois des vésicules pulmonaires et se mêle enfin à l'air qui remplit ces cellules. D'un autre côté, une partie de l'oxygène de l'air traverse

---

[1] C'est cette vapeur qui, en se condensant, forme l'espèce de nuage ou de brouillard qui sort de notre bouche lorsque nous respirons dans un air froid, ou qui ternit momentanément la surface d'un miroir sur lequel on souffle.

en sens contraire les mêmes membranes et va remplacer dans les vaisseaux sanguins l'acide carbonique qu'ils contenaient primitivement.

La *respiration pulmonaire,* telle que nous venons de la décrire et qui appartient aux mammifères, aux oiseaux et aux reptiles, n'est pas le seul mode de respiration que l'on rencontre dans l'organisation générale des animaux. Il en existe trois autres, qui sont :

1° La *respiration branchiale,* qui est propre à tous les animaux aquatiques, tels que les poissons, quelques annélides, certains mollusques et plusieurs zoophytes ;

2° La *respiration trachéenne,* qu'on observe exclusivement chez les insectes et chez quelques arachnides ;

3° La *respiration cutanée,* qui appartient à certains animaux à organisation très-simple, tels que les oursins, les astéries, les méduses, les polypes, les infusoires.

CALORIFICATION. — La *calorification* est la fonction qui préside à la formation de la chaleur animale. Cette chaleur est le résultat de la combustion incessante de carbone et d'hydrogène qui se fait dans les organes aux dépens de l'oxygène absorbé par les poumons.

Chez les animaux à sang chaud [1], la température

---

[1] On nomme animaux à *sang chaud* ceux qui ont une température constante et indépendante des variations atmos-

est toujours en rapport avec le degré d'énergie de la fonction respiratoire. Les oiseaux, dont la respiration est double, pour ainsi dire, jouissent d'une température de 42 à 44 degrés centigrades ; les mammifères, dont le système respiratoire est moins favorablement disposé, ne dépassent guère une température de 38 à 40 degrés centigrades ; l'homme s'arrête vers 37.

ASSIMILATION. — L'*assimilation* est la fonction en vertu de laquelle les substances nutritives, absorbées et entraînées dans le torrent circulatoire, vont se déposer dans les tissus et s'organiser en matière vivante. C'est l'acte par lequel chacune des diverses parties du corps prend au sang les éléments qui lui conviennent.

SÉCRÉTION. — On donne le nom de *sécrétion*

phériques ; animaux à *sang froid* ceux dont le corps change de température, suivant les conditions extérieures. Certains mammifères (les *ours*, les *marmottes, etc.*) semblent tenir le milieu entre les animaux à sang chaud et les animaux à sang froid. Durant la saison chaude, leur température intérieure est suffisante pour entretenir l'activité vitale ; mais, l'hiver, ils ne se trouvent pas en état de réagir contre le refroidissement de l'atmosphère, et ils s'endorment dans une espèce de léthargie qui ne cesse qu'au retour du printemps. On les a nommés, pour cette raison, animaux *hibernants*. Presque tous les animaux à sang froid (les *grenouilles*, les *couleuvres, etc.*) s'endorment pareillement pendant l'hiver, et, chez plusieurs d'entre eux, les chaleurs excessives des régions tropicales déterminent, durant l'été, un semblable engourdissement.

à la formation de certaines humeurs (*bile, urine, larmes, etc.*) qui se produisent aux dépens du sang dans des organes spéciaux appelés *glandes*.

Les principales glandes de l'économie sont les *glandes salivaires*, le *foie*, le *pancréas* et les *reins* ou organes de la sécrétion urinaire[1].

L'action de l'air n'est pas la seule à laquelle soit soumis le sang ; il éprouve encore, dans son parcours, d'autres modifications. C'est lui qui donne indirectement naissance à tous les liquides qui se trouvent dans le corps : dans le foie, il forme la *bile* ; dans le pancréas, il se transforme *en suc pancréatique* ; il devient *suc gastrique* à travers les parois de l'estomac ; *sueur* à travers la peau ; *urine* à travers les reins ; *lait* dans les mamelles ; *larmes*

---

[1] La sécrétion rénale renferme différents sels dont la solubilité dans l'eau est peu considérable. Il suffit parfois d'assez faibles modifications dans la constitution du liquide pour qu'ils en soient précipités. Lorsque cette précipitation a lieu sous forme pulvérulente, elle donne naissance aux *graviers urinaires* ; mais lorsque les particules s'unissent, il en résulte les concrétions connues sous le nom de *pierres* ou *calculs*. On cite encore parmi les altérations de la sécrétion rénale, une maladie fort singulière, appelée *diabète sucré*, qui a pour caractère la présence dans l'urine d'une notable quantité de sucre.

Deux produits azotés, l'*urée* et l'*acide urique*, se trouvent dans la sécrétion rénale avec une constance et une fixité qui semblent indiquer les reins comme les organes chargés de débarrasser l'organisme de l'excès des matériaux azotés qu'il peut contenir. Chez les oiseaux et les reptiles, le pro-

dans les yeux; *mucus* dans le nez, dans la membrane qui tapisse la bouche, dans les fosses nasales, dans le conduit respiratoire et dans les voies digestives; *salive* dans les glandes salivaires, etc., etc.

Le *castoréum*, fourni par le castor; la *civette*, fournie par la civette; le *musc*, que donne une espèce de chevrotin des montagnes du Thibet; le *venin* des serpents, des scorpions, de certains arachnides, etc.; les *acides* particuliers, tels que l'acide formique, et quelques fluides plus ou moins fétides propres aux insectes carnassiers; la *laque*, employée dans les arts comme matière colorante et due à une espèce de cochenille de l'Inde; la *cire* des abeilles et des bourdons; la *soie* des chenilles et des araignées; l'*encre de sèche* ou *sépia* des peintres; la *liqueur* que fournissent certaines espèces de mollusques et dont les anciens se servaient pour la teinture dite *pourpre* ou conchylienne; la *matière phosphorique*, à l'aide de laquelle les vers luisants et certains autres insectes paraissent lumineux dans l'obscurité; toutes ces matières sont

duit de cette sécrétion n'est presque absolument que de l'acide urique. Dans plusieurs îles, particulièrement sur les côtes du Chili, les excréments déposés depuis des milliers d'années par les oiseaux de mer forment des couches considérables d'une matière (*le guano*) très-appréciée depuis longtemps comme engrais, et utilisée aujourd'hui dans les arts pour en extraire l'acide urique. C'est cet acide qui sert à préparer la couleur pourpre que l'on nomme *murexide*, pour rappeler l'origine de la fameuse pourpre tyrienne qui lui paraît identique, et que les Phéniciens obtenaient en faisant putréfier un mollusque *(le murex brandaris)* qui est très-commun dans la Méditerranée.

des exemples de sécrétions produites par des organes particuliers.

Quelques sécrétions ont pour siége des surfaces très-étendues, telle est la sérosité qui se forme incessamment sur les feuillets des membranes séreuses et qui en facilite le glissement [1].

La graisse, qui joue un rôle important dans notre économie, est aussi considérée comme une sécrétion formée par un grand nombre de petites glandes, semées dans tous les points du corps. Cette substance, lorsqu'elle n'est pas en grande quantité, facilite le jeu des muscles; accumulée sur certains points, elle forme autour des organes une enveloppe protectrice. La couche graisseuse qui sépare la peau des muscles contribue encore, d'une manière très-efficace, à empêcher la déperdition du calorique produit dans nos combustions intérieures. Ce résultat est dû au peu de conductibilité de la graisse pour la chaleur. Les animaux qui habitent les régions polaires sont en général extrêmement gras, et cette disposition les met en état de résister aux froids excessifs qu'ils sont obligés de supporter pendant la grande partie de l'année. La graisse peut enfin être considérée comme une réserve de matières propres à entretenir la combustion respira-

---

[1] La production surabondante de ce liquide constitue les diverses sortes d'*hydropisies* : hydropisie de la membrane séreuse du cerveau ou *hydrocéphale*, souvent caractérisée chez les enfants par une distension monstrueuse des parois du crâne; hydropisie du péricarde; hydropisie du péritoine; cette dernière donne à l'abdomen une telle amplitude que les ponctions pratiquées pour évacuer le liquide en fournissent parfois jusqu'à 12 ou 15 litres.

toire. Lorsque l'alimentation, pour une cause ou pour une autre, cesse de fournir ce qui est nécessaire aux animaux sous ce rapport, ils respirent aux dépens de la graisse même renfermée dans leur organisation, et alors ils maigrissent, ainsi qu'on en a une application remarquable dans les animaux hibernants.

FONCTIONS DE RELATION.

Les *fonctions de relation* sont celles qui ont pour objet de mettre les animaux en rapport avec le monde extérieur. Elles présentent deux ordres de phénomènes distinctifs : le *mouvement volontaire* et la *sensibilité*.

Les organes à l'aide desquels nous accomplissons nos mouvements sont les *os* et les *muscles*. L'ensemble des os forme le *squelette* qui est, pour ainsi dire, la charpente de notre corps ; les muscles lient ces os mobiles les uns aux autres et déterminent leurs mouvements.

Le *squelette humain* se compose de trois parties distinctes : le *tronc,* la *tête* et les *membres*.

Le *tronc* est formé par la *colonne vertébrale,* par les *côtes* et par le *sternum*.

La *colonne vertébrale* se compose de petits os courts nommés *vertèbres*. Chacune de ces vertèbres présente un trou circulaire qui, en se réunissant à ceux des autres vertèbres, forme un canal dans lequel est logée la moelle épinière. Les vertèbres laissent en outre un intervalle entre elles, de chaque côté, pour livrer passage aux nerfs.

On partage la colonne vertébrale en cinq régions : 1° la région *cervicale* qui constitue la charpente du cou ; 2° la région *dorsale* ou thoracique, elle donne attache aux côtes qui constituent la poitrine ; 3° la région *lombaire* ou des *reins* qui termine inférieurement la colonne vertébrale ; 4° la région *sacrée* qui s'articule avec les os de la hanche ; 5° la région *caudale* ou *coccygienne.*

On compte sept vertèbres à la région du cou, douze à celle du dos, cinq à celle des reins, cinq encore à la région sacrée, mais soudées de façon à ne plus former qu'un seul os appelé *sacrum.* Enfin le *coccyx,* qui forme la région caudale, n'est formé chez l'homme que de deux ou trois petites vertèbres tout à fait rudimentaires, cachées sous la peau. Chez beaucoup d'animaux la région coccygienne prend un grand accroissement et constitue la charpente de la queue.

La *tête,* qui repose sur l'extrémité supérieure de la colonne vertébrale, se divise en deux parties : le *crâne* et la *face.*

Le *crâne* est une boîte osseuse servant à loger et à protéger le *cerveau* et le *cervelet.* Il est formé de plusieurs os : le *frontal* ou os du front ; le *sphénoïde,* à la naissance du nez ; les *temporaux* ou os des tempes ; l'*ethmoïde* ou fond de l'œil ; les *pariétaux,* placés derrière les oreilles, et l'*occipital.*

Le crâne présente plusieurs ouvertures, parmi lesquelles nous indiquerons le trou occipital, que traverse la *moelle épinière* et le conduit *auditif externe.*

La *face* sert à loger et à protéger les organes de la *vue*, de l'*odorat* et du *goût*. Elle est constituée par un grand nombre d'os, dont les principaux sont : les *jugaux*, qui forment les pommettes des joues ; le *nasaux* ou os du nez ; les *palatins* ou os du palais ; les *maxillaires* ou os des mâchoires.

La mâchoire inférieure est composée d'un seul os qui a la forme d'un fer à cheval. Cet os présente, ainsi que le maxillaire supérieur, un bord creusé de petits trous, que l'on nomme *alvéoles*, dans lesquels les *dents* se développent et sont maintenues.

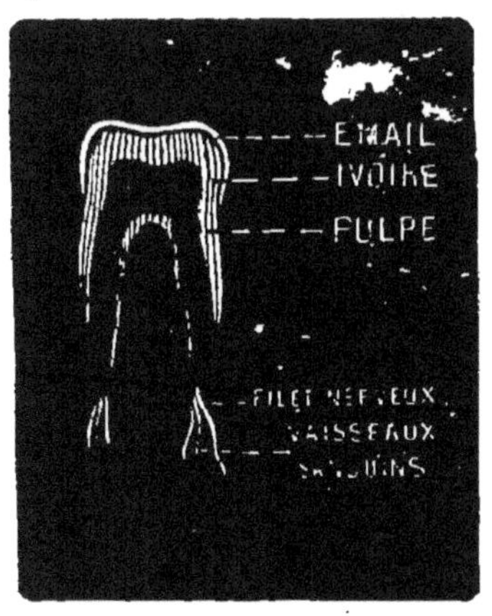

Coupe théorique d'une dent humaine.

Les dents sont formées d'*émail*, d'*ivoire* et de *pulpe*.

L'ivoire est protégé par l'émail, beaucoup plus dur et plus résistant. L'émail n'existe qu'autour de la portion de la dent qui fait saillie au dehors et qu'on nomme *couronne*; il manque autour de la racine, c'est-à-dire de cette portion, simple dans les incisives et les canines, double et souvent triple dans les molaires, qui se trouve implantée dans l'*alvéole* ou *cavité maxillaire*. — Des vaisseaux sanguins nourrissent la pulpe ou bulbe dentaire et des filets nerveux la rendent sensible [1].

[1] L'espèce de vernis, l'*émail*, qui recouvre les dents ne conserve pas toujours une efficacité complète. Tant qu'il reste intact, il garantit parfaitement la matière altérable, l'*ivoire*, contre l'action des acides contenus dans les aliments ou provenant des exhalations de l'estomac ; mais sous l'influence des brusques changements de température qui se

Les *membres,* au nombre de quatre, se divisent en membres *supérieurs* et en membres *inférieurs.*

Les *membres supérieurs* ou *antérieurs* se composent de l'*épaule,* du *bras,* de l'*avant-bras* et de la *main.*

L'*épaule* est formée, chez l'homme et la plupart des autres mammifères, par deux os : l'*omoplate,* en arrière, la *clavicule,* en avant. Le premier est un grand os plat appliqué sur le dos ; le second est une sorte d'arc-boutant qui s'articule avec le *sternum* et l'omoplate. Ce sont les clavicules qui, chez les personnes maigres, forment ces proéminences qu'on nomme *salières.*

Le *bras* est formé d'un seul os, que l'on appelle *humérus.* Cet os s'articule en haut avec l'omoplate.

L'*avant-bras* est formé par la réunion de deux os, le *radius,* en dehors, et le *cubitus,* en dedans. Ces deux os s'unissent à l'humérus par leurs extré-

produisent au contact d'aliments alternativement froids et chauds, l'émail se gerce, se fendille et laisse à nu l'ivoire dont l'altération marche alors avec rapidité. La destruction de l'émail résulte souvent de l'emploi même des poudres et des diverses préparations dont on se sert pour l'entretien des dents, et qui renferment des matières calcaires ou siliceuses.

Les dents, comme tous nos autres organes, reçoivent des nerfs et des vaisseaux nourriciers. Dans la *nécrose* ou *carie* des dents, c'est-à-dire leur destruction lente, après que l'ivoire a été dénudé, les fibrilles nerveuses, soumises au contact de l'air, déterminent ces douleurs intenses contre lesquelles il n'existe guère que deux remèdes, l'évulsion de la dent malade ou la cautérisation du nerf, suivie du *plombage.*

mités supérieures, et par les inférieures avec les os de la main. La partie supérieure du cubitus forme la saillie du coude.

La *main,* organe de préhension, se divise en trois parties : le *carpe* ou poignet ; le *métacarpe* ou ce qui forme en dedans la paume et au dehors le dos de la main ; et les *doigts.*

Le *carpe* est formé par l'assemblage de huit petits os très-irréguliers ; le *métacarpe* est composé de cinq petits os longs et inégaux ; les *doigts,* au nombre de cinq (le *pouce,* l'*index,* le *médius* ou doigt majeur, l'*annulaire* et l'*auriculaire*), sont formés chacun de trois petits os longs, à l'exception du pouce, qui n'en a que deux. Ces os, en allant de la paume à l'extrémité, sont nommés *phalanges, phalangines, phalangettes ;* ces dernières supportent les ongles. Le pouce n'a point de phalangine.

Les *membres inférieurs* ou *postérieurs* se composent de la *hanche,* de la *cuisse,* de la *jambe* et du *pied.*

La *hanche* représente l'épaule ; elle est formée, de chaque côté, par un seul os large nommé *os iliaque.* Les deux os iliaques, en s'articulant entre eux en avant et avec le sacrum en arrière, constituent une cavité que l'on désigne sous le nom de *bassin,* et qui est destinée à loger et à protéger les viscères contenus dans le bas-ventre.

La *cuisse* est formée d'un seul os, que l'on appelle *fémur.* Cet os s'articule en haut avec l'os de la hanche et en bas avec les os de la jambe.

La *jambe* est formée de deux os, le *tibia* et le *péronné ;* le premier, situé en dedans, et le second

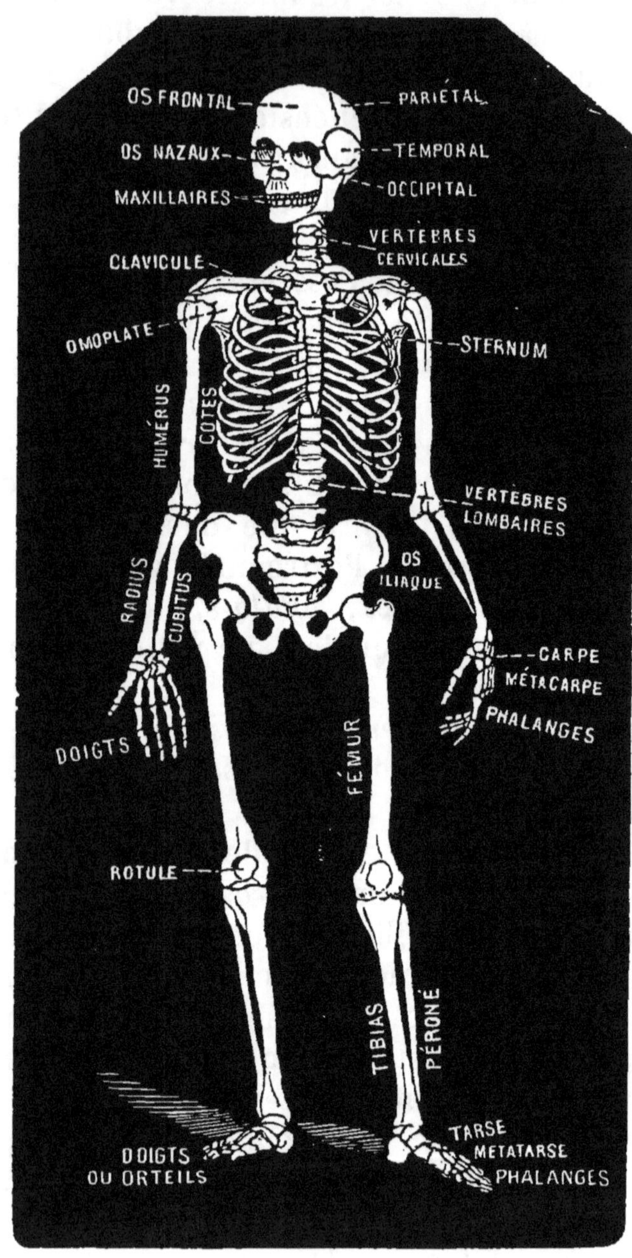

Squelette humain.

en dehors, forment chacun une *cheville* ou *malléole* à leur extrémité inférieure. Ils s'unissent par leur extrémité inférieure avec le pied. Au-devant de l'articulation des os de la jambe avec l'os de la cuisse est placé un petit os que l'on nomme *rotule*; cet os est destiné à compléter et à consolider le genou.

Le *pied*, organe de sustentation, présente, comme la main, trois régions : le *tarse*, le *métatarse* et les *orteils*.

Le *tarse* est constitué par la réunion de sept os ; un de ces os, nommé *astragale*, s'articule avec la jambe, et un autre, appelé *calcanéum*, forme en arrière la saillie du talon. Le *métatarse* est composé de cinq os qui s'unissent et aux os du tarse et aux os des orteils. Les *orteils* ou *doigts du pied* sont composés chacun des phalanges que l'on nomme, comme à la main et pour les mêmes os : *phalanges, phalangines* et *phalangettes*. Le pouce n'a que deux phalanges.

Outre les os que nous venons d'énumérer il y a encore les *os sésamoïdes,* les *os wormiens* et l'*os hyoïde*.

On désigne sous le nom de *sésamoïdes* de petits os dont le nombre est sujet à varier ; placés dans certaines articulations des doigts et des orteils, ils se développent dans les tendons des muscles et en augmentent la force.

On appelle *os wormiens* de petits os qu'on rencontre quelquefois dans les sutures principales des os du crâne.

L'*hyoïde* est un petit os auquel sont fixées, en partie, les fibres charnues qui constituent la langue ;

cet os est situé à la partie antérieure et moyenne du cou, entre la base de la langue et le larynx [1].

Les *muscles* sont des espèces de ressorts élastiques qui constituent la *chair*. Le corps presque en entier se compose de muscles qui lui donnent sa forme. Ils se fixent ou s'insèrent sur les os par des extrémités blanches et co-

[1] Le système osseux est le siége de certaines affections générales ou locales, dont plusieurs sont extrêmement dangereuses. Tels sont le *rachitisme*, la *gibbosité*, la *nécrose*, les *fractures*, les *luxations*, les *entorses*, l'*ankylose*, etc.

Le *rachitisme* est une maladie caractérisée par la déformation des os du squelette, sous l'influence d'un affaiblissement général de la constitution. La *gibbosité* ou déviation de la colonne vertébrale en est une des conséquences les plus fréquentes.

La *nécrose* ou *carie* des os résulte de la destruction lente et progressive de leur tissu ; elle semble avoir pour origine l'altération d'une enveloppe fibreuse, le *périoste*, qui recouvre partout les os et qui est essentielle à leur conservation.

On entend par *fractures* des os les diverses ruptures déterminées par un coup, une chute, un effort ou toute autre circonstance capable de porter ces organes au delà du degré de flexibilité qui leur est propre.

On appelle *luxation* tout déplacement plus ou moins complet d'une extrémité osseuse en dehors de la cavité dans laquelle elle s'articule. Les *entorses* sont des sortes de demi-luxations produites par l'extension ou le tiraillement violent d'une articulation.

L'*ankylose* consiste dans l'immobilité plus ou moins complète d'une articulation qui doit avoir un mouvement quelconque ; elle reconnaît pour cause l'altération des divers éléments qui constituent l'articulation.

riaces, les *tendons,* désignés vulgairement et à tort sous le nom de nerfs.

La *sensibilité* a pour siége le *système nerveux* qui est le principal instrument de la machine animale. C'est lui qui préside aux fonctions de la vie de relation, en même temps qu'il tient sous sa dépendance les actes de la vie organique. Siége des sensations, de l'intelligence et de l'instinct, agent incitateur des mouvements, il est l'appareil intermédiaire entre le monde extérieur et le monde intérieur, le lien mystérieux qui unit la matière à l'esprit.

Chez l'homme et les animaux supérieurs, le système nerveux se compose d'une partie centrale comprenant l'*encéphale,* qui est logé dans la cavité du crâne, la *moelle épinière,* qui règne dans toute la longueur de la colonne vertébrale, et des *nerfs,* qui s'en détachent pour se distribuer aux différents organes. L'encéphale est formé du *cerveau,* du *cervelet* et de la *moelle allongée,* qui réunit le cerveau et le cervelet à la moelle épinière '.

' Les *nerfs* sont d'une sensibilité extrême, et la moindre blessure de l'un d'eux occasionne une douleur vive. Lorsqu'un ou plusieurs nerfs se trouvent coupés, liés ou atrophiés, les organes auxquels ils se distribuent perdent la faculté de sentir et d'exécuter des mouvements volontaires, ou, en d'autres mots, sont *paralysés.*

La *moelle épinière* est le siége de diverses affections extrêmement graves et qui se manifestent principalement par l'affaiblissement graduel de la sensibilité et des facultés

Les *nerfs* se divisent en *nerfs moteurs* et en *nerfs sensitifs*. Les premiers déterminent les contractions musculaires, les seconds ne servent qu'à la transmission des sensations.

Le *cerveau* est le siége des sensations de l'intelligence et de la volonté ; le *cervelet* a pour fonction de régulariser les mouvements ; la *moelle épinière* et les *nerfs* transmettent les impressions et le principe des mouvements.

Les différentes parties du système nerveux, sont constituées par une pulpe grise, molle et sans grande consistance. Cette substance présente une composition assez compliquée ; on y rencontre beaucoup de matière grasse et une petite quantité de phosphore [1].

motrices. Tout ébranlement un peu violent de la moelle, toute pression un peu forte est susceptible de déterminer une mort instantanée. C'est ce qui arrive en général quand les vertèbres sont luxées. Dans les pays où l'on pend, lorsque le patient semble résister à la strangulation, les exécuteurs se cramponnent brusquement à ses jambes et à ses épaules, afin de luxer l'articulation de la tête. On a vu des personnes imprudentes causer par une luxation semblable la mort de jeunes enfants qu'elles soulevaient de terre en les tenant suspendus par les cotés de la tête. Lorsque, dans une chute, on tombe sur les talons, le contre-coup peut se faire sentir sur la moelle épinière et produire une commotion non moins funeste.

L'*encéphale* est enveloppé de trois membranes minces parcourues par de nombreux vaisseaux dont l'engorgement détermine diverses maladies du cerveau, telles que les *congestions*, les *apoplexies*, etc.

[1] Ce phosphore se dégage souvent dans la décomposition des corps morts sous forme de gaz hydrogène phosphoré,

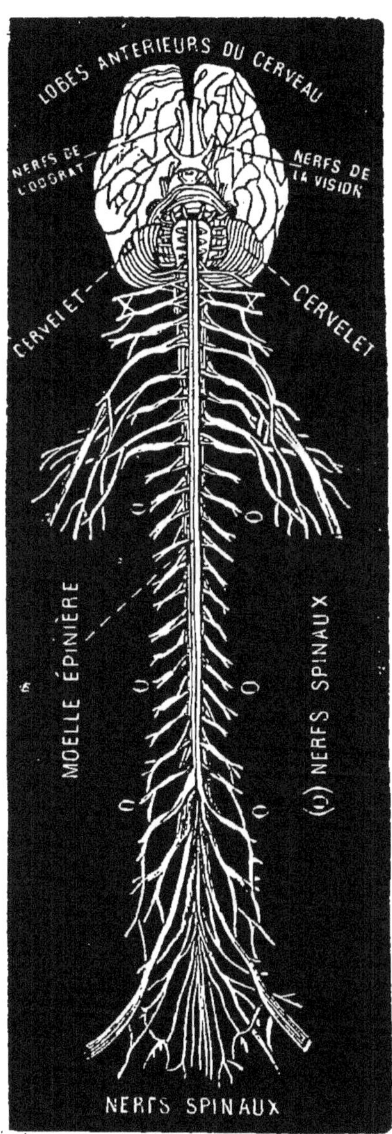

Système nerveux central de l'homme.

Les organes de la nutrition, tels que le cœur, les intestins, les glandes, etc., sont animés par un appareil nerveux spécial, nommé *système ganglionnaire* ou *nerf grand-sympathique*[1].

Organes des sens.

Indépendamment des diverses parties du système nerveux, que nous venons d'indiquer, l'appareil de la sensibilité se compose encore de certains organes spéciaux, nommés *organes des sens*, au moyen desquels l'animal perçoit et apprécie les propriétés des corps qui l'environnent. Chez l'homme et chez la plupart des animaux, les sens sont au nombre de cinq, savoir : le *toucher*, le *goût*, l'*odorat*, la *vue* et l'*ouïe*.

Le *toucher* (sensibilité tactile) nous fait connaître et l'on attribue à son inflammation spontanée les feux pâles qui semblent errer la nuit dans les cimetières.

[1] Ce sont les altérations du *grand-sympathique* qui dé-

la plupart des propriétés physiques et les différentes manières d'être des corps; telles que la figure, les dimensions, la consistance, l'élasticité, le poids, la température, etc. Ce sens s'exerce au contact du corps sur la peau, à la surface de laquelle viennent s'épanouir de nombreux nerfs [1]. Chez l'homme, l'organe spécial de sensibilité tactile est la main ou plutôt l'extrémité des doigts.

Le *goût* (sensibilité gustative) nous donne la notion des saveurs; il s'exerce au contact des corps et a pour siége principal la langue.

L'*odorat* (sensibilité olfactive) nous révèle l'existence des odeurs; il s'exerce par l'intermédiaire de l'air et au contact des corps. Ce sens a son siége dans les fosses nasales, qui sont tapissées par une membrane muqueuse, dite *pituitaire,* dans laquelle

terminent en grande partie les *crampes d'estomac,* les *gastralgies, etc.*

[1] Le soleil, par son action sur les nombreux petits vaisseaux placés sous la peau, détermine ce qu'on nomme *coup de soleil.* Le froid, par contre, y détermine une inflammation qui se traduit par les *engelures.* La *gale,* les *dartres, etc.,* maladies si repoussantes et si tenaces, que l'on réunit sous la dénomination générique de *maladies de peau,* doivent leur origine à l'état inflammatoire du système vasculaire sanguin, ou bien des terminaisons nerveuses cutanées. Les taches vulgairement appelées *envies* proviennent d'une altération du tissu superficiel dont les vaisseaux capillaires se sont relâchés. Il devrait être inutile d'ajouter que lorsque ces taches datent de la naissance, il n'existe aucune corrélation entre leur couleur, leur configuration, etc., et les envies ou caprices qui ont pu se manifester chez la mère antérieurement.

viennent s'épanouir les fibres nerveuses de l'olfaction [1].

La *vue* (sensibilité optique) nous permet de juger la couleur, la distance et le volume des corps; elle s'exerce par l'intermédiaire de la lumière dans un appareil appelé *appareil de la vision*.

L'appareil de la vision se compose du *globe de*

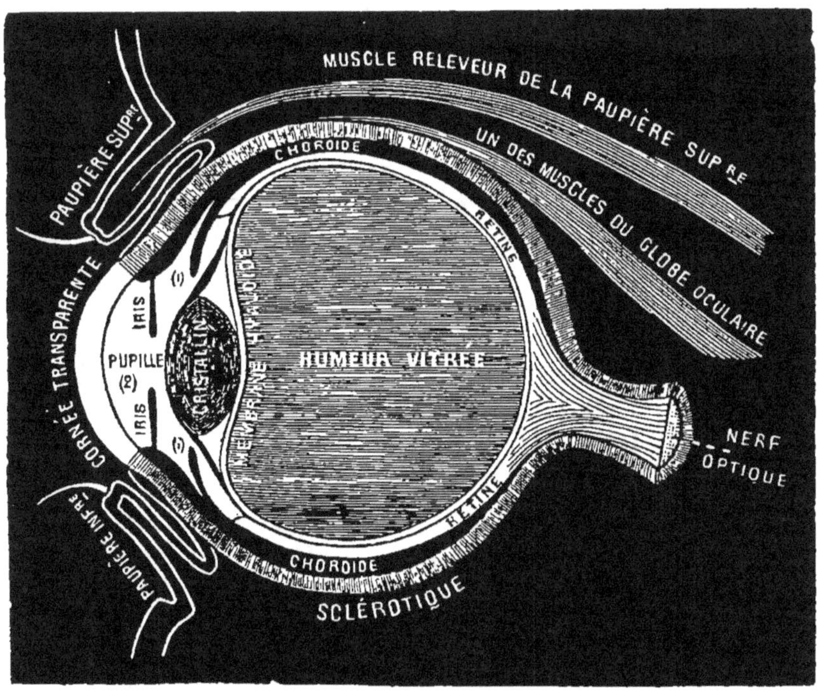

Coupe théorique de l'œil.

(1) *Procés ciliéres, replis de la choroïde*. — (2) *Humeur aqueuse*.

[1] L'inflammation plus ou moins étendue de la membrane *pituitaire* constitue ce qu'on nomme très-improprement *rhume de cerveau*. Le premier résultat de cette petite affection est d'empêcher, d'une manière plus ou moins complète, la perception des odeurs.

l'œil (*globe oculaire*), du *nerf optique* et d'*organes accessoires,* qui servent à protéger le globe de l'œil et à le mouvoir.

Le *globe oculaire* est formé par des enveloppes membraneuses et par des humeurs transparentes renfermées dans ces enveloppes, qui concourent à en faire un instrument d'optique des plus parfaits.

L'enveloppe extérieure, la plus résistante de l'œil, se nomme *sclérotique ;* elle présente deux parties distinctes : une, blanche et opaque, constitue ce qu'on nomme vulgairement le *blanc de l'œil,* et une autre, transparente, située à sa face antérieure, que l'on appelle *cornée transparente.* — La seconde membrane de l'œil se nomme *choroïde ;* elle est placée à la partie interne de la sclérotique et la tapisse en noir. La partie antérieure de cette membrane se prolonge sous la forme d'un voile placé derrière la cornée transparente. Ce voile, appelé *iris,* est ce petit cercle diversement coloré (en bleu, en gris, en brun ou en noir), que l'on aperçoit à travers la cornée et qui est percé au centre d'un petit trou, la *pupille* ou *prunelle* que pénètre la lumière. La pupille peut s'agrandir ou diminuer, suivant la manière dont agissent les fibres contractiles qui forment l'iris. — La troisième membrane est la *rétine.* Cette enveloppe, qui paraît être une expansion du nerf optique, est demi-transparente, molle et blanchâtre ; elle est appliquée sur la choroïde, laquelle absorbe les rayons indirects et les empêche de troubler, par leur réflexion, la netteté des images lumineuses à la surface de la rétine.

Les différentes humeurs qui sont contenues dans l'intérieur des membranes que nous venons d'énumérer sont : l'*humeur vitrée,* le *cristallin* et l'*humeur aqueuse.*

L'humeur vitrée est une masse transparente, molle comme de la gelée, et qui occupe toute la partie interne du globe de l'œil, dont elle donne la forme principale. Une membrane, nommée *hyaloïde,* d'une ténuité extrême et d'une transparence parfaite, enveloppe cette humeur. — Le cristallin, placé en avant du corps vitré, est une sorte de petite lentille formée d'une substance gélatineuse et transparente. — L'humeur aqueuse est un liquide limpide placé entre le cristallin et l'iris, puis entre l'iris et la cornée transparente.

Le *nerf optique,* dont la rétine n'est, en quelque sorte, que l'épanouissement dans l'intérieur de l'œil, traverse en arrière la sclérotique et la choroïde, pénètre dans le crâne par une ouverture (le *trou optique*) située au fond de l'orbite, s'entre-croise avec celui du côté opposé et va se rendre dans le cerveau, auquel il transmet l'impression de la lumière.

Les organes accessoires de l'appareil de la vision sont les *orbites,* les *paupières,* les *glandes lacrymales* (organes sécréteurs et excréteurs des larmes), les *cils,* les *sourcils* et les *muscles de l'œil*[1].

---

[1] La construction de l'œil, comme appareil d'optique, est extrêmement parfaite. Malheureusement, par suite de sa délicatesse même, cet organe se trouve exposé à quantité d'accidents, de défectuosités, d'infirmités.

On nomme *amaurose* la paralysie ou cessation des fonctions du nerf optique. Les *taies* résultent de la conversion de la cornée transparente en membrane opaque sur une partie plus ou moins étendue de sa surface ; la *cataracte* provient d'une modification analogue du cristallin. Dans le

Mécanisme de la vision. — L'œil ressemble assez exactement à l'instrument d'optique connu sous le nom de chambre noire. L'iris, avec son orifice contractile, la pupille, en est le volet ; le cristallin, fixé derrière, en est la lentille. Le fond de la chambre est occupé par la rétine, écran sensible qui transmet au cerveau les impressions dues aux images qui s'y dessinent, et les parois sont teintes en noir par la choroïde.

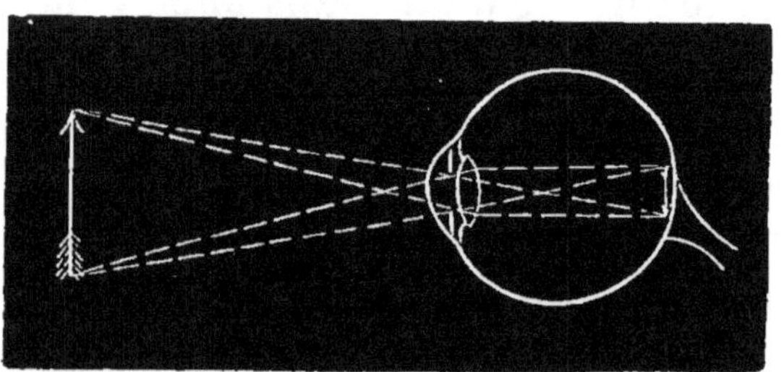

Marche des rayons lumineux dans l'œil.

strabisme ou action de loucher, les petits muscles moteurs de l'œil ont perdu leur équilibre de traction ; ils agissent avec des forces inégales et donnent au globe oculaire une direction vicieuse.

La *myopie* ou vue courte résulte de la trop grande convexité des différentes lentilles que la lumière traverse pour pénétrer jusqu'à la rétine ; l'image se forme alors trop en avant et les objets ne sont plus aperçus distinctement que lorsqu'ils sont placés très-près des yeux. La *presbytie* ou vue longue dépend, au contraire, de l'aplatissement des lentilles de l'œil ; l'image se forme, dans ce cas, en arrière de la rétine ; on ne distingue nettement que les objets un peu éloignés. La myopie peut disparaître avec l'âge, mais d'ordinaire la presbytie va toujours s'aggravant. Ces deux infirmités s'atténuent par l'emploi de lunettes dont les verres sont ou concaves ou convexes, suivant le but qu'on se propose d'obtenir.

Les modifications qu'éprouve la lumière en traversant les diverses parties de l'œil sont des conséquences des lois de la réfraction [1]. Les faisceaux de lumière qu'un corps lumineux envoie sur la cornée transparente éprouvent une première diminution de divergence en se réfractant dans l'humeur aqueuse, puisque cette humeur est plus réfringente que l'air; les parties les plus extérieures des faisceaux réfractés vont rencontrer l'iris, s'y réfléchissent irrégulièrement, et portent au dehors la couleur de cette membrane; les parties les plus centrales traversent au contraire la pupille, tombent sur le cristallin, s'y réfractent comme à travers une lentille bi-convexe, éprouvent une assez forte convergence et vont former sur la rétine une image du corps lumineux. Les images ainsi formées sont toujours renversées sur la rétine, comme aux foyers des lentilles convergentes.

L'*ouïe* (sensibilité auditive) nous fait percevoir les sons produits par les mouvements vibratoires des corps. Elle s'exerce par l'intermédiaire de l'air dans un appareil nommé *appareil de l'ouïe*. Chez l'homme et chez tous les animaux mammifères cet appareil est très-compliqué et peut être divisé en trois parties distinctes : *l'oreille externe*, *l'oreille moyenne* et *l'oreille interne*.

L'oreille externe se compose du *pavillon* et du

[1] Le phénomène de la *réfraction de la lumière* est soumis à la règle générale suivante : Chaque fois que la lumière se propage d'un certain milieu dans un autre milieu plus dense, elle se *réfracte* en s'éloignant de la surface de séparation.

conduit auditif externe. — Le pavillon ou *conque auditive* est l'appendice cartilagineux appelé vulgairement l'*oreille* et qui n'en présente que le vestibule extérieur. — Le conduit auditif ou auriculaire externe est un canal à l'extrémité duquel se trouve le *tympan*, membrane fibreuse tendue sur un cadre osseux.

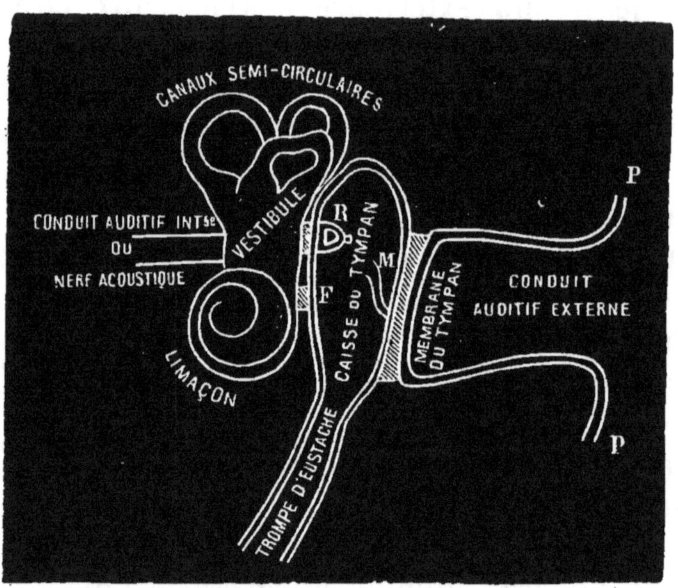

Figure théorique destinée à faire connaître les différentes parties de l'oreille humaine.

R, *étrier et lenticulaire appuyés contre la fenêtre ovale*. — F, *fenêtre ronde*. — M, *portion du marteau*. — P, *commencement du pavillon de l'oreille*.

L'*oreille moyenne* ou *caisse du tympan* est une cavité de forme irrégulière qui fait suite au conduit auriculaire dont elle est séparée par la membrane du tympan. Elle est mise en communication avec l'oreille interne par deux petites ouvertures, la *fenêtre ovale* et la *fenêtre ronde,* formées par des membranes tendues comme celle du tympan. L'espace compris entre cette cloison et la fenêtre ronde est traversé par une chaine de quatre osselets, nommés, à cause de certaines ressemblances, *marteau, enclume, os lenticulaire et étrier.* Cette chaine s'appuie, d'un côté, sur la membrane du tympan, de l'autre, elle aboutit à la membrane qui recouvre la fenêtre ovale. Enfin un canal recourbé, la *trompe d'Eustache*, s'étend de la caisse du tympan à l'arrière-bouche et établit une communication directe entre l'oreille moyenne et l'air extérieur.

L'*oreille interne* ou *labyrinthe* est un assemblage de plusieurs cavités : le *vestibule*, les *canaux demi-circulaires* et le *limaçon.* — Le vestibule occupe la partie centrale de l'oreille interne ; — les canaux demi-circulaires sont situés à la partie supérieure et postérieure du vestibule ; — le limaçon, tube héliçoïdal, est situé en avant et en bas du vestibule. Ces différents compartiments sont remplis par un liquide dans lequel viennent s'épanouir les divisions les plus fines du nerf acoustique.

Mécanisme de l'audition. — Les vibrations qu'éprouvent les particules des corps sonores se communiquent à l'air environnant, qui les propage au loin et les porte à l'oreille. La conque auditive les recueille, les fait pénétrer par le conduit auriculaire où ils augmentent de force en se concentrant. Le tympan, ébranlé, transmet les vibrations à la chaine des osselets, qui les reproduit fidèlement de l'autre côté, sur la membrane de la fenêtre ovale. Enfin, par le liquide du labyrinthe, elles arrivent aux filets nerveux qui doivent en opérer la perception. Tels sont le mécanisme de l'ouïe et l'usage des diverses parties de l'appareil [1].

Voix. — La *voix*, qui complète nos notions sur l'étude des fonctions de relation, est la faculté que possèdent certains animaux de produire des sons qui leur servent de moyens d'expression et de communication. Elle se forme dans le larynx.

SOMMEIL.

Les actions des organes de la vie de relation ne peuvent pas se reproduire d'une manière continue. On nomme *sommeil* le repos ou l'interruption momentanée, avec les objets extérieurs, que réclament les organes sentants après quelque temps d'exercice.

Dans l'état de sommeil il n'y a cessation d'action que de la part des organes de la vie de relation, tandis que les fonctions nutritives s'exercent alors avec plus de liberté et d'énergie [2]. Deux traits ca-

[1] Le sens de l'ouïe est susceptible de présenter diverses altérations. Ce qu'on appelle *dureté d'oreille* dépend, en général, d'une trop grande tension du tympan, ou d'un défaut d'élasticité dans cette membrane. La *surdité* consiste dans l'abolition de la faculté de percevoir les sons. Elle peut résulter de causes très-différentes, dont les unes, comme la paralysie du nerf acoustique, laissent peu d'espoir, tandis que les autres, comme l'obstruction de la trompe d'Eustache, sont susceptibles de disparaître sous l'influence d'un traitement. La perte plus ou moins complète de l'audition est une des infirmités qui viennent le plus fréquemment s'appesantir sur la vieillesse.

[2] Il semble que le sommeil soit un état normal pour les organes nutritifs; car les hommes qui, après leur repas, se livrent à des exercices violents, sont généralement affectés

ractérisent le sommeil : la perte de toute influence de la volonté sur les actes de la vie de relation qui peuvent encore se produire, et la réparation du système nerveux qui recouvre ainsi son aptitude à agir. Des bâillements fréquents annoncent le sommeil ; les idées deviennent confuses, la vue se trouble, les paupières se ferment ; les sons, les odeurs et le goût ne produisent plus d'impression ; le toucher est obtus. La fatigue, la débilité, un murmure monotone, le silence, l'obscurité et l'inaction provoquent le sommeil. Limité par l'habitude, il est prolongé chez l'enfant ; court, léger et interrompu chez le vieillard ; l'adulte le goûte pendant six à huit heures d'une manière profonde, à moins que l'imagination, la mémoire et quelquefois des jugements imparfaitement assoupis ne viennent l'agiter par des rêves. Les rêves, qui tiennent à un état intermédiaire entre la veille et le repos, peuvent se compliquer de somnambulisme. Il y a somnambulisme, lorsqu'à l'action conservée du cerveau se joint celle de la locomotion et de la voix. Il y a rêve seulement, lorsque l'imagination, la mémoire et quelquefois le jugement sont dans un état de veille pendant que les autres facultés sont engourdies.

d'une faiblesse qui les rend très-sujets aux maladies et qui leur permet rarement d'atteindre le terme ordinaire de la vie. A raison de cette faiblesse, le sommeil chez eux est beaucoup plus profond, il est aussi d'une nécessité plus pressante, et ces hommes ne peuvent pas veiller plusieurs jours de suite sans s'exposer à des maladies graves.

TABLE DES MATIÈRES.

FONCTIONS ANIMALES.